Paul Lebois

LA VILLE
EN DÉTRESSE

roman

L'AMITIÉ PAR LE LIVRE

V

V. 2ung.

88.

SECONDE SOLUTION

plus dévelopée que la premiere, inserée au Mercure de France du mois d'Avril 1729. des trois fameux Problémes de la Quadrature du Cercle, de la Trisection de l'Angle, & de la Duplication du Cube.

L'ESPRIT humain toûjours ardent à faire de nouvelles découvertes, crut à la vûë de la nouvelle Algébre, être enfin parvenu à la région des Lumieres, & avoir trouvé le moyen assuré de ré-

A

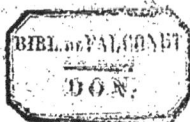

foudre les difficultés les plus abſtraites des Mathématiques, le Calcul Algébrique le charma, le Diférentiel, l'Intégral, l'Exponentiel furent les ſujets de ſon admiration. L'Analyſe lui fit tout eſperer. Dès ſon entrée à la Science de l'Infini un Sçavant l'aſſura qu'il y trouveroit les Solutions des Problémes de la Quadrature du Cercle, de la Triſection de l'Angle & de la Duplication du Cube. C'étoit ce qu'il cherchoit, il le crut; il la ſaiſit, il s'y attache, il s'y plonge, il s'y enfonce confidemment; mais ne trouvant en cet abyſme, aucun point où s'arrêter, où ſe fixer qui ne fût près de s'écrouler en une infinité de parties ſa raiſon s'y évanoüit. Peu après revenu à ſoi, il ſe perſuada que ce ſeroit dans les Infiniment grands qu'il feroit ces grandes découvertes: il s'y éleve, il s'y guinde; mais ne voïant pas jours à faire meilleure fortune que parmi les Infiniment petits, il revint enfin de ſes excurſions Algébriques ſans autres avan-

tages que le souvenir d'avoir livré des
combats infructueux à des symboles,
à des images, à des ombres, à des
fantômes, à des especes imaginaires.
Ainsi donc retourné à la Géométrie
simple, la seule réelle, la seule solide,
la pensée lui vint, que souvent en né-
gligeant ce qu'on possede, on cher-
che bien loin ce qu'on a près de
soi. Ces considérations, ces véritez
m'aïant frappé, je commençai de rai-
sonner en cette maniere.

Les Géometres conviennent qu'Ar-
chimede a trouvé par une exacte su-
putation que le circuit du Polygone
de 96. côtés inscrit au Cercle est à
son Diametre comme 223. à 71. &
que celui du Circonscrit d'autant de
côtés, est comme 22. à 7. ausquelles
raisons donnant un même conséquent, on les réduit pour les Cir-
conférences à 1561, & à 1562, dont
le Diametre commun est 497.

La difficulté qui reste est donc de
sçavoir quelle part doit avoir le Polygone inscrit 1561, à cette partie de

plus 1562, du Polygone circonscrit
afin de rendre chacun égal à la Circonference du Cercle qu'ils renfer-
ment, ce qui me paroît facile & dé-
monstratif en accordant trois septiémes de cette partie au Polygone inf-
crit, & en ôtant quatre au circonf-
crit : car il est visible que les deux lignes dont chaque Angle du Polygone circonscrit est formé, sont ensem-
ble plus grandes que leur Hypothénuse qui est la corde du Cercle & le
côté correspondant du Polygone inf-
crit.

Pour rendre ces véritez plus sensi-
bles, je considère chaque triangle du
Polygone circonscrit sur le Polygone
inscrit, sous la forme d'un triangle
isoscele-rectangle, & en faisant valoir deux, chacun de ses côtés égaux,
je donne trois à sa base, qui est toûjours une corde du cercle & un côté
du Poligone inscrit. Ce n'est pas que
je ne m'apperçoive bien, qu'on va
m'objecter que je contreviens à ce
Théoreme : qu'en tout triangle-rec-

tangle le quarré de l'Hypothénufe
eft égal aux deux quarrez des deux
autres côtés égaux, & qu'ici les deux
quarrez des deux côtés égaux ne faifant que huit, cependant j'aurai neuf
de trois fois trois produit du quarré
de la corde & Hypothénufe trois,
par l'augmentation que je lui donne.
Cela eft vrai. C'eft un myftere de la
Géometrie mixte ; mais qu'on peut
réfoudre aifément, fi l'on obferve que
cette partie, qui eft de trop pour les
lignes droites, eft indifpenfablement
néceffaire pour la courbure de l'arc,
& en eft une proprieté que je démon-
trerai bien-tôt ; mais qui dès ici, eft
plus évidemment vraïe, que les dé-
monftrations qu'on en peut donner :
car qui ne fçait, qui ne voit que l'arc
eft plus grand que fa corde, d'où il
réfulte que le vrai rapport du Diametre à la Circonference de fon Cercle,
eft comme 497 à 1562, moins quatre feptiémes.

C'eft depuis la corde de 60 degrez
& au-deffous qu'on trouvera la véri-

té du Théoréme que je viens d'éta-
blir, que trois parties des quatre
égales, que donnent les deux côtez
égaux du triangle isoscele rectangle
formé sur la corde de l'arc de 60.
degrez & au-dessous, dont elle est
l'Hypothénuse, font la mesure de l'arc
dont elle est la corde, ce que je dé-
montrerai dans la suite ; mais avant
il faut remarquer que la petite portion dont trois de ces parties égales
excedent la corde de l'arc de 60. degrez qu'on sçait être elle-même égale
au demi-Diamétre de son Cercle,
que cette portion, dis-je, excedente
prise six fois, compose cette défec-
tueuse vingt-deuxième partie du rapport de 7, à 22, dont la conséquence
est, que six cordes d'arcs de 60. degrez chacune, avec les petites por-
tions excedentes, lesquelles ensem-
ble font même somme, même longueur que feroit l'addition de neuf
fois un des côtés égaux du même
triangle isoscele rectangle CDB. *fig.*
1. donnent la rectification du Cercle,

7

en faifant une ligne droite égale à la
Circonférence, ce qui va être invinciblement démontré, en commen-
çant d'obferver que dix-huit fois
vingt font 360, parce qu'il enfuit une
démonftration d'autant plus convain-
cante, qu'elle eft dans l'ufage commun de tous les Sçavans, quoiqu'aucun d'eux jufqu'ici n'y ait fait atten-
tion. C'eft la divifion du Cercle en
360. degrez dont les premiers Aftro-
nomes convinrent pour executer avec
plus de facilité leurs fupputations Af-
tronomiques, fans penfer que dans la
fuite, elle pût fervir aux Géometres
d'un moyen affuré de démontrer la
Quadrature de ce même Cercle, par
le rapport de fon Diametre fept à fa
Circonférence vingt-deux moins quatre feptiémes d'une 1562e, dont il eft
aifé de fe convaincre: car en donnant
feize degrez à chacune de ces vingt-
deux parties, la fomme qui en reful-
tera fera 352 degrez, à laquelle il
manquera huit degrez pour achever
de nombre de 360 degrez, lefquels

A iiij

huit degrez réduits en minutes pro-
duisent 480 minutes, qui divisées par
vingt-deux, donnent au quotient,
vingt-une fois vingt-deux, & dix-huit
minutes restent pour la vingt-deuxiéme partie. De cette sorte, tandis que
chacune des vingt-une parties, vaut
seize degrez vingt-deux minutes, la
seule vingt-deuxiéme ne vaut que seize degrez dix-huit minutes, qui font
quatre minutes moins de ce qu'elle
devroit valoir, si elle étoit égale aux
autres, d'où l'on doit conclure, que
le rapport du cercle de 360 degrez,
est à son Diamettre 114 degrez, 34
minutes, produit de 7. fois 16. dégrez
22. minutes qui est la raison de 7 à 22.
moins quatre minutes; & de 497 à
1562 moins 4. septiémes d'une 1562°.

Mais comme notre esprit est capa-
ble de se révolter contre la nouveauté
de cette découverte, quelque bien
démontrée qu'elle soit, il faut pour
l'accoûtumer à se convaincre de
la vérité de ce Théoreme : que
trois parties des quatre egales que

dement les deux côtez égaux du
Triangle isoscele rectangle formé sur
la corde de 60 degrez & au-dessous,
sont la mesure de l'arc que cette
corde soûtient, il faut, dis-je, conside-
rer qu'il est établi sur la Regle, suivant laquelle j'ai ôté quatre du Polygone circonscrit & donné les trois autres au Poligone inscrit, Regle sure
& bien démontrée véritable par le
rapport de 114 degrez, 34 minutes,
total de sept fois seize degrez vingt-
deux minutes, à sa circonference de
360 degrez, qui se réduit à celui de
7 à 22 moins quatre minutes, con-
formes à celui de 497 à 1562 moins
quatre septiémes ; car étant incon-
testable que la corde de l'arc de 60
degrez est égale au demi-Diametre
du Cercle, & que deux de ces cordes
font le Diametre entier de 114 degrez 34 minutes du cercle de 360 degrez. Il s'ensuit que chacune de ces
cordes ne vaut que 57 degrez 17 minutes en nombre & en longueur, qui
est la moitié de 114 degrez 34 minutes

& qu'il manque à chacune, aussi en
nombre & en longueur deux degrez
43. minutes pour faire le nombre & la
longueur de 60 degrez, qui sont sup-
pléezparl'augmentation que donnent
à cette corde les trois parties égales
dont on la compose. Lequel susdit
défaut de deux degrez quarante-
trois minutes pour faire le nombre de
soixante, de chacune des six cordes,
pour trois fois le Diamétre du
Cercle, étant multiplié par six pour
les six cordes, produit seize degrez
dix-huit minutes, qui est la juste valeur de la vingt-deuxiéme partie du
rapport de 7 à 22 moins quatre minutes, & de celui de 114 degrez 34
minutes à 360 degrez, toutes lesquelles parties étant de même longueur & de même valeur en la cour-
be du Cercle, qu'en la droite du Diametre, il en faut nécessairement infé-
rer qu'il est bien démontré, que trois
parties des quatre égales que donnent les deux côtez égaux du triangle isoscele rectangle formé sur la cor-

de de l'arc de 60 degrez, font la me-
fure de l'arc que cette corde foûtient;
ainfi dix-huit de ces parties égales va-
lant chacune vingt degrez , font la
Circonference en longueur , & en
nombre du Cercle de 360 degrez.

Ce qui peut diftraire ici l'imagina-
tion & lui faire perdre de vûë la vérité de la Regle lorfqu'on l'applique
à de grandes parties du Cercle , eft
l'habitude qu'elle s'eft faite de confi-
derer ces trois, ces quatre feptiémes
comme des points , au lieu de penfer,
felon la verité , que ces points peu-
vent être des pieds , des toifes dans
de grands Cercles à l'égard defquels
la Regle n'eft pas moins vraye , n'eft
pas moins fûre que dans les petits
Cercles.

Enfin pour achever de convaincre
les efprits les plus oppofez à recevoir
ces veritez , voici une démonftration
à laquelle il ne refte rien de raifonna-
ble à répliquer que l'aveu de la verité. C'eft que le quarré de la corde
57 degrez , 17 minutes de l'arc de
60 degrez qui eft l'Hypothénufe de

ce triangle, est 3265 degrez 9 minutes, & que le produit des deux quarrez de ses deux côtez égaux, à raison de vingt, pour valeur de chacune de leurs quatre parties égales, est 3200. ce qui sembleroit exiger une plus grande valeur que celle de vingt, suivant le Théoréme déja cité : qu'en tout triangle-rectangle le quarré de l'Hypothénuse est égale aux deux quarrés des deux autres côtez ; mais cette différence, cet excès n'est qu'une suite du mystere de la Géometrie mixte, dont j'ay parlé au commencement, & dont le dévelopement s'acheve dans le reste de l'étenduë des trois parties égales qui composent & prolongent la corde de l'arc de soixante degrés, la valeur desquelles étant à present bien connuë de vingt degrez chacune, font la somme & la longueur de soixante degrez. Voici donc invinciblement démontré en plusieurs manieres, en nombres & en lignes droites, arithmetiquement & géometriquement, ce qu'il falloit démontrer.

Si maintenant j'avois un Mécénas auprès de la Majesté Impériale, je pourrois espérer d'obtenir les cent mille écus que l'Empereur Charles-Quint promit de donner à celui qui résoudroit ce problème.

Une conséquence importante qui résulte de cette démonstration de la Quadrature du Cercle, est la Trisec-tion de l'arc, dont la corde de soixan-te degrez & au-dessous est la base du triangle isoscele rectangle formé des-sus, ce qui vient d'être amplement démontré. *Voyez les fig. 1. & 2.*

Le troisiéme avantage qu'on peut tirer de ce triangle est la Duplication du Cube. *Voyez les fig. 3. & 4.*

AEF, est un triangle isoscele rec-tangle dont AB, est la moitié du côté AE, le long duquel on voit que BD, est à BE, comme AC est à AE, & que AC est la diagonale du quarré de AB, moitié de AE, & par conséquent que AC, est le côté d'un quarré double du quarré de AB, & aussi le côté d'un cube quadruple, du cube de ce mê-me AB, moitié de AE. D'où il réfulte que le côté AE, eft le côté d'un quarré quaruple du quarré de AB, & auffi le côté d'un cube octuple du cube du même AB, & double du cube de AC, & par une fuite de conféquence néceffaire BE eft pareillement le côté du cube double du cube de BD.

Suivant cette démonftration pour avoir un cube double d'un cube quelconque, il faut prendre deux fois la longueur d'un côté du cube donné & en faire la bafe d'un triangle Ifofcele rectangle, alors la moitié de cette bafe qui eft le côté du cube donné, fera la ligne AC, diagonale du quarré d'AB qui eft la moitié du côté AE de ce triangle, qui lui-même fera le côté du cube double du cube de AC, côté du cube donné. C'eft ainfi qu'on a la folution de ce Problème cherchée depuis plus de deux mille ans: car Plutarque rapporte que les Atheniensétant affligez d'une cruelle pefte, députèrent à Délos pour confulter l'Oracle d'Apollon fur les moyens de la faire ceffer. Sa réponfe fut qu'ils en

seroient délivrez, s'ils érigeoient à
son honneur, un Autel double de celui qu'il avoit à Délos. On trouva que
c'étoit un cube & qu'il falloit le dou-
bler. Le fourbe auroit été confondu,
si Platon qui essaya inutilement d'y
satisfaire eût pensé au moyen facile
que je viens de donner.

Je suis persuadé que Messieurs les
Géometres qui n'ont en vûë & pour
fin que la découverte de la verité,
ne me feront pas un crime de n'avoir
pas tout-à-fait imité la sécheresse & la
précision du langage Géometrique.
J'ose esperer cette indulgence du plai-
sir & des avantages que leur procu-
reront ces importantes solutions, dans
lesquelles ils pourront démêler une
Méthode aisée de trouver deux
moyennes proportionnelles entre un
& deux, avec moins de peine & plus
d'utilité, que l'explication d'un amu-
sant Logogriphe.

Par le P. ROMUALD LE MUET,
Religieux de la Charité.

APPROBATION.

J'AY lû par ordre de M. le Lieute-nant General de Police un Manuf-crit intitulé : *Seconde Solution plus dé-velopée que la premiere*, &c. dont on peut permettre l'impreſſion. A Paris ce 31. May 1729. PASSART.

VEU l'Approbation. Permis d'imprimer & diſtribuer, le 31. May 1729. Signé, HERAULT.

Regiſtré ſur le Livre de la Commu-nauté des Libraires & Imprimeurs de Paris, Nº. 1824. conformément aux Ré-glemens & notamment à l'Arrêt de la Cour du Parlement du 3. Decembre 1705. A Paris le trois Juin mil ſept cent vingt-neuf. Signé, PRUDHOMME, Adjoint.

A PARIS, chez PIERRE SIMON, Impri-meur du Parlement, ruë de la Harpe, à l'Hercule. 1729.

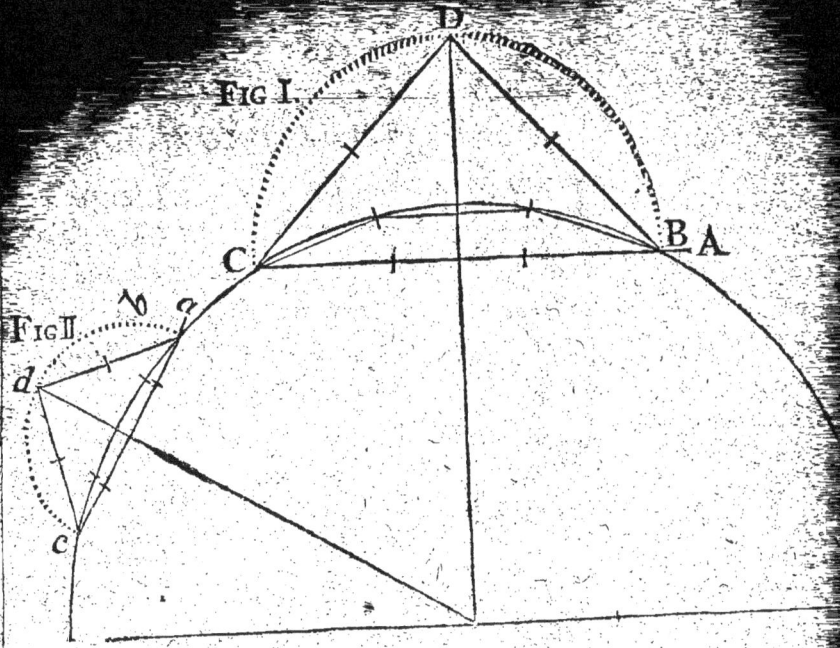

Fig I.

Fig II.

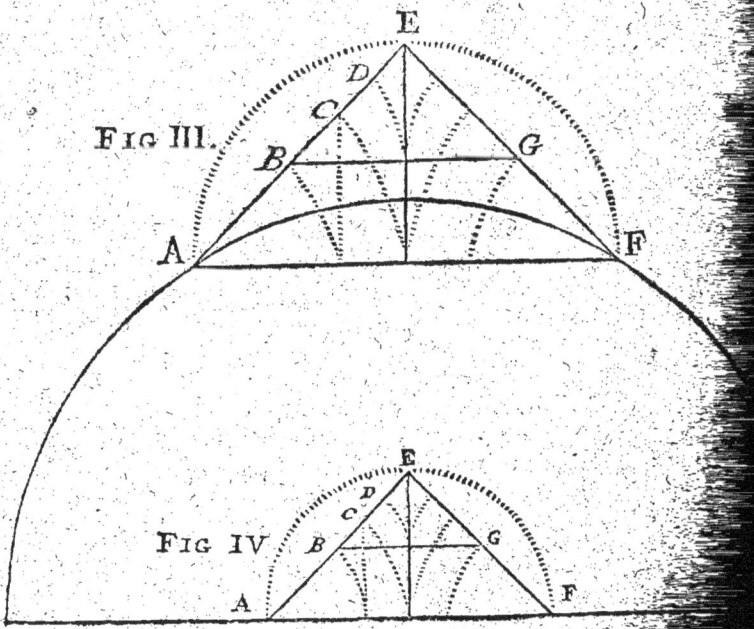

Fig III.

Fig IV.

www.ingramcontent.com/pod-product-compliance
Lightning Source LLC
Chambersburg PA
CBHW050450210326